AF578951

LES

VÉRITABLES LOIS DE LA NATURE

DANS LA

MÉTALLURGIE DU FER

DÉCOUVERTES ET DÉVOILÉES

MISES AU JOUR DANS TOUS SES TRÉSORS.

LA DÉCOUVERTE du CALORIQUE (Feu)

DU NOUVEAU COMPOSÉ DE L'AIR,

DE L'EAU, DES COMBUSTIBLES, DU DIAMANT

et de toutes les trempes

DE FONTES DE FER ET ACIER, ETC.

PAR

FAYAN Père,

Ancien métallurgiste, Maître de Forges et Fabricant d'acier.

PRIX : 1 fr. 50 c.

BORDEAUX

Imprimerie A.-R. CHAYNES, rue Montméjan, 7.

1857

V

30037

Toute contrefaçon sera rigoureusement poursuivie par la loi.

PRÉFACE.

Depuis un temps immémorial, les savants se sont occupés de tracer l'histoire de la métallurgie du fer, d'en établir toute la richesse et de démontrer tous les avantages qu'on pouvait en retirer pour l'industrie et le commerce ; de grands génies ont pénétré dans les entrailles de la terre pour reconnaître les divers gisements des minerais, les ont mis en fusion plus ou moins, et ont cherché à les analyser pour connaître les divers corps qu'ils pouvaient contenir ; ils les ont fait mettre en pratique et sont enfin parvenus, dans le cours de plusieurs siècles, à établir l'histoire de la métallurgie du fer, telle que les savants et les praticiens de nos jours la reconnaissent et la pratiquent aujourd'hui.

L'auteur de la nature n'a pas favorisé tous les hommes de manière à ce qu'ils puissent saisir du premier abord l'ensemble de toutes les connaissances qu'ils peuvent retirer dans les travaux qu'ils entreprennent, dans les sciences dont ils s'occupent ; néanmoins, à mesure que les siècles se succèdent, nous nous apercevons des progrès qui s'opèrent.

Aujourd'hui, je viens présenter aux savants et aux praticiens qui s'occupent de la métallurgie du fer, de nouvelles découvertes qui ont été jusqu'à ce jour inconnues, et qu'un travail assidu m'a mis à même, pendant 45 ans, de perfectionner et de livrer au public, au moyen d'une souscription à l'ouvrage que je suis à même de rédiger, qui contiendra plus de 100 chapitres, avec des planches et gravures et une nouvelle forge de mon invention, où on emploie le mauvais charbon, la houille, aussi bien que le bon charbon et la bonne tourbe ; cet ouvrage sera donné en entier par livraison, et sera préalablement annoncé par les journaux ; le prix de chaque livraison y sera également fixé.

De tous les savants qui se sont occupés de la métallurgie du fer et acier, je dois citer le célèbre Réaumur, Laplace, Bréant et autres, tant étrangers que français ; ce sont eux qui ont le mieux traité cette science ; néanmoins, ils n'ont pu découvrir tous les secrets qu'elle contient, notamment dans les trempes des aciers, le contenu de tous les corps, leurs composés et leurs décomposés, comme on pourra s'en convaincre dans ce petit opuscule que je présente aux savants, aux praticiens et à tous ceux qui se servent du fer.

C'est avec le produit de la vente de cet aperçu sur la métallurgie du fer, que je me propose de faire imprimer l'ouvrage en entier par livraisons.

P. FAYAN.

DE LA MINE DE FER.

La mine d'aimant et de fer
Est son sang et sa chair.
Quel est son produit?
Le feu et le fer.

La mine de fer est mine d'aimant, et seule unique corps de feu de toute la nature.

Voici le contenu exact de toute espèce de mine de fer d'aimant de feu et de fluide électrique magnétique, mais plus inégale en autres corps les unes que les autres.

La mine de fer contient en variétés sept corps, c'est-à-dire six corps alliés et l'aimant qui fait sept.

Voici la catégorie et le classement de ces sept corps:

1° L'aimant de la mine, qui préside en les attirant en combinaison, ou en les repoussant tous plus ou moins;

2° L'oxigène, gaz inflammable blanc de lune;

3° Le son de la parole et de l'harmonie, fluide et vibre ardent pénétrant, corps métallique obtenu en combinaison;

4° Le carbonne (ou lien des corps), sont des insectes.

Ces quatre premiers corps, je les nomme *Corps de feu majeurs*, c'est-à-dire que plus ou moins réunis, ils forment tous les corps de la métallurgie en général, y compris tous les combustibles qui appartiennent à ces quatre mêmes corps; et les barres de fer et aciers qui sortent de cette même mine et combustibles, sont encore premiers corps, d'aimant de feu, de fer, de fluide électrique magnétique, et source de l'essence ignée du calorique.

Les trois autres corps alliés, qui font l'ensemble des sept corps précités, sont : l'arsenic, le phosphore et le soufre, mais ne font jamais partie dans la matière des corps solides; si la mine est grillée, et s'il en reste, on les chasse à volonté, parce qu'ils sont premiers fusibles et s'évaporent.

Voici en nature le contenu de chaque combustible et des différentes matières obtenues en corps solides, fonte, acier et fer de toute espèce :

1° Castine, ou pierre à chaux;	4 mêmes corps de feu majeur premier fondant avec la mine.
2° Charbon de bois et cocke;	2 corps de feu majeur, aimant et carbonne.

CORPS MÉTALLIQUES OBTENUS DE LA MINE ET DES COMBUSTIBLES.

1° Fonte grise ou acier non affiné et fer crû; ces trois corps n'en font qu'un.—2 corps de feu majeur, aimant et carbonne;

2° Fonte blanche.—4 corps de feu majeur, trempée à trempe locale à l'air, pour l'incorporation en elle-même de l'oxigène et du fluide le son dans le dégagement de la chaleur en fusion;

3° Fonte truitée, intermédiaire entre la fonte grise et blanche;

4° Fer doux forgé.—1 seul corps de feu, l'aimant;

5° Acier affiné immédiat, ou de cémentation. — 2 corps de feu majeur;

6° Même acier trempé à l'eau à trempe générale. — Trois corps de feu majeur, aimant, carbonne et le fluide pénétrant de la vibration du son métallique en combinaison;

7° Même acier détrempé. — 2 corps de feu majeur, comme avant la trempe.

COMPOSÉ NOUVEAU DE L'AIR VITAL.

Son contenu, y compris les deux corps de feu que j'ai découverts et qui complètent les lois de la nature, sont :

1° Aimant (ou fluide magnétique);

2° Oxigène ou gaz inflammable (blanc de lune), 21 p. 100;

3° Le son de la parole et de l'harmonie (fluide et gaz) en combinaison;

4° L'hydrogène à l'état de vapeur (corps à différents degrés tout-à-fait éteignant;

5° Le carbonne ou lien de corps, en petite quantité;

6° L'azote, 79 p. 100. — (Corps tout-à-fait éteignant).

C'est avec l'hydrogène et l'azote qu'on maîtrise toute la métallurgie du fer.

La lumière de l'air vital, soit pendant la lumière du soleil ou sans sa lumière, le jour comme la nuit, n'est due qu'à la réunion des deux corps de feu majeurs à l'aimant ou l'électricité rouge, ardente dans l'air, avec le blanc de lune de l'oxigène; tous les deux à l'état latent, sommeillant, réunis ensemble, forment la couleur de l'air qui nous éclaire en toute pure nature.

DU NOUVEAU CONTENU DE L'EAU.

1° L'hydrogène, 67 p. 100;

2° L'oxigène (blanc de lune), 33 p. 100, et l'aimant forment ensemble la couleur de l'eau, la nuit comme le jour;

3° L'aimant, fluide inapparent;

4° Le son harmonieux, ou fluide pénétrant qui se fait entendre et est très-facile à démontrer. Il existe dans l'oxigène de l'eau et il s'en sépare seul pour s'incorporer dans le dégagement de la chaleur de la trempe générale des aciers qu'on retrouve en combinaison.

Les hautes sciences n'ont jamais compté que quatre corps dans le composé de l'air, et deux corps dans le composé de l'eau. J'ai exposé ci-avant qu'il y a six corps dans l'air et quatre dans l'eau, et que ce sont les véritables lois de la nature que je démontre, ce que je prouverai dans mon ouvrage.

DESCRIPTION NATURELLE DU FLUIDE LE SON.

Pour bien faire comprendre ce qu'est le fluide du son seul, de cet agent physique et chimique, qui est vibre pénétrant, métallique et sonore en combinaison dans le dégagement de la chaleur de la trempe des aciers et des fontes, et est le troisième corps de feu majeur et le seul corps qui se fait entendre et que nous entendons, c'est le mouvement de vibration dans l'air, l'eau et la terre, qui sont portés jusqu'à l'organe de l'ouïe et s'incorporent dans le dégagement de la chaleur de notre bouche, comme le dégagement de la chaleur dans la trempe de l'acier, à mesure que nous parlons, ou comme dans le vide d'un canon, ou d'un coup de fusil lorsque le coup est parti, c'est le fluide, le son de la vibration de l'air qui rentre dans le vide qui se fait entendre, comme aussi dans le vide ou espace de feu électrique d'un coup de tonnerre, pressé par l'air, l'eau ou la glace qui l'environne et le fait éclater comme le rugissement du lion, le sifflement d'une locomotive du chemin de fer, le chant des oiseaux, le frottement de toutes sortes de corps et de tous les instruments et sons harmonieux.

Notre son de voix est un son articulé comme celui des oiseaux, qui se modifie par le mouvement de la langue au fur et mesure que le souffle de la chaleur de notre corps se dégage par la bouche, et que la vibration rentre ; qui, modifiée par le mouvement des lèvres lorsqu'elles frappent l'une contre l'autre, forment tous les sons de voix que nous rendons.

C'est ce même fluide, le son dans l'oxigène de l'eau, qui fait éclater les plus fortes chaudières à vapeur ; la trempe de l'acier le prouve...

Jusqu'à ce jour, les savants n'ont reconnu dans le corps le fluide le son que le propagateur du son et de l'harmonie, et n'ont donné aucune autre explication; ni comment ces phénomènes se passaient et faisaient leurs effets dans les autres corps de la nature.

Ce même fluide vibre pénétrant (le son) s'incorpore seul dans le dégagement de la chaleur des trempes de l'acier, trempé à l'eau et à l'air avec l'oxigène, dans le dégagement de la chaleur des fontes en fusion, qui ont tous leurs pores ouverts et deviennent fonte blanche trempée à la trempe locale (nom que je leur donne), parce qu'elles ne se recuisent et ne se radoucissent pas, et je les qualifie métal ; et c'est l'aciéreur en combinaison unique de toutes les trempes; il se montre en couleur sous plusieurs formes, sentir et toucher dans ses corps par sa dureté à la lime, au burin et aux coups de marteaux, et aussi par son son harmonieux, mais ne s'obtient pas seul, car le vent se l'emporte; il est donc encore un corps, malgré que les sciences ne l'ont pas encore reconnu, dans le composé de l'air, de l'eau et de la terre, pas plus que l'aimant de feu de la mine de fer, qui est matériel et immatériel et sont cependant les deux premiers plus puissants corps de toute la nature, et prennent aujourd'hui les premiers rangs dans les hautes sciences, par la découverte que j'en ai récemment faite, comme je l'expliquerai dans mon ouvrage sur la métallurgie.

La physique et la chimie disent dans leurs cours : « Tout ce qui est apparent est un corps; serait-ce même une petite ombre? »

Ce parallèle du corps, le fluide le son avec une petite ombre, je ne saurais l'admettre, car le fluide le son, que j'obtiens en combinaison et son corps que le vent emporte, est plus que le poids de toutes les ombres du monde entier, ce que nul ne saurait contester.

Plusieurs savants ne me contestent point la découverte du calorique, le feu dans la mine d'aimant de feu et de fer; mais on me conteste le fluide et corps solide du son de la parole et de l'harmonie, que j'obtiens en combinaison, et qu'ils disent n'être pas un corps.

La preuve que j'en donnerai dans mon ouvrage, les convaincra, je l'espère, de tout ce que j'avance, pourvu que ceux qui me liront soient compétents dans toute la métallurgie du fer.

Les savants disent aussi dans leurs cours : « Il y a des

fluides dans l'air que nous ne connaissons point, qui nous dérangent, que nous ne pouvons maîtriser, qui attirent les gaz et qui forment des corps » Ces corps auraient dû être découverts avant moi, étant assez visibles et pénétrants.

Quelques mots sur la puissance du vent et de l'air vital dans la métallurgie du fer.

Les différents corps de la matière ne se font et ne se défont que par le vent, par les bons ou mauvais gaz des combustibles, et les fluides de l'air qui portent sur les matières en combustion, ou qui l'emportent.

Contenu ou tableau du haut-fourneau à fondre la mine d'aimant de feu et de fer et ses combustibles.

1° Mine non grillée	4 corps de feu majeur et les 3 premiers fusibles qui en font sept
2° Castine pierre à chaux	4 corps de feu majeur.
3° Charbon de bois ou coke	2 corps aimant et carbonne.
4° Vent ou air vital,	4 corps de feu majeur.
Ensemble formant	17 corps.

Si la mine a été grillée, il faut déduire les trois premiers fusibles.

Il reste donc dans le haut fourneau les 4 corps de feu majeurs ou 16 parties de corps de feu de tous les corps, et qui représentent tous les mêmes corps par eux-mêmes.

On voit par tout ce qui a été dit ci-avant que toute la métallurgie du fer, en général, ne roule que sur les 4 corps de feu majeurs, qui sont tous fluides, gaz et matière première.

Le fluide le son pénétrant, divisé en deux catégories:

1° Le fluide le son ardent pénétrant signifie son animation de dévastateur et de solidificateur dans le calorique animé.

2° Métallique et sonore, signifie son obtenu naturel dans les trempes des fontes et aciers.

L'hydrogène et l'azote, deux corps éteignants, ne jouent aucun rôle dans la combinaison de toute la métallurgie du fer.

Tout cet ensemble n'est que la déformation et la réformation par eux-mêmes des 4 corps de feu majeurs; uniquement seuls matériels et immatériels.

La différence des mots gaz et vapeur, est : tous les corps solides métalliques du fer comme je le démontrerai ont tous passé à l'état de fluide (gaz) liquide et pâteux avant de se solidifier en corps de métal, quand c'est de l'eau ou autre liquides on dit vapeur.

Les sciences ont toujours nié l'existence de l'oxigène avec le carbonne, et n'ont point reconnu l'aimant ni le son, alliés, dans la métallurgie du fer, et c'est là où elles se sont égarées.

Dans toute la métallurgie du fer, les lois de la nature qui la régissent n'ont point de secrets; elles sont toutes simples, sages et faciles à comprendre, comme je le démontrerai dans mon ouvrage.

Les mots *acide-carbonnique* sont détruits et prouvés faux, parce que ce sont les quatre corps de feu majeurs en dissolution qui se dégagent ensemble, plus ou moins, comme je le prouverai; et les noms actuels des mêmes corps seront *acide-métallique*, puisqu'ils ont pour base le carbonne, l'oxigène, l'aimant et le son. En voici la preuve :

Il n'y a point de carbonne dans aucun corps quelconque, sans aimant :

Il y a de l'aimant sans carbonne (le fer doux);

Il n'y a point d'oxigène sans le fluide le son ;

Il y a le fluide le son sans oxigène (dans la trempe de l'acier).

EXPLICATION DES SEPT DEGRÉS DES QUATRE CORPS DE FEU MAJEURS.

1° Feu latent, signifie tout corps qui se brûle, se fond en tout ou en partie, qui est en repos à l'état d'inanimé ;

2° Feu sommeillant, naissance de chaleur et de vie;

3° Feu de réveil, naissance de combinaison et formation du fœtus, par le même corps dans tous les corps;

4° Feu en éclosion, vie acquise des mêmes corps;

5° Feu qui s'anime et progrès de régénération, à fortifier la vie de l'être dans lequel il croît ;

6° Feu animé, les mêmes corps qui prennent de la force à solidifier les mêmes corps;

7° Feu en combustion, corps presque formés qui se naturalisent, se solidifient, se finissent et deviennent faits.

Ces sept genres de degrés de feux forment une chaîne de sept maillons de la même matière.

L'ART DU TRAVAIL DES FORGES A FER ET AUTRES.

L'art du travail des forges est le plus admirable de toutes les sciences; cet art dévoile, quoique secret, les innombrables ressources, et fait jaillir les plus beaux effets merveilleux de la métallurgie, qui lui communique cette étincelle de génie électrique, qui se montre en présence de tous ses trésors, qui embrasse, vivifie et réalise les sublimités sur l'art des forges, fourneaux et fonderies de fer et d'aimant.

Entrée du travail de toute la métallurgie, de la mine d'aimant de feu, de fontes, fer, aciers et trempes qui en ressortent, et pour bien faire ressortir cet art non décrit.

Il faut commencer par faire de bonne fonte grise, pour faire de bon fer et de bon acier; il faut de bonne mine, riche en aimant, pour qu'elle rapporte de bonne matière ductile, nerveuse et propre, qui ait le cœur et l'âme des corps que l'on veut obtenir; puis, il faut la laver, la concasser, la griller pour brûler les corps de feu premiers fusibles qu'elle contient, tels que : arsenic, cuivre, phosphore, soufre, oxigène, ainsi que ses autres corps étrangers nuisibles à l'acier et au fer que l'on veut obtenir; puis il faut de la castine (pierre à chaux), du charbon de bois de châtaignier, chêne ou de hêtre de 8 à 9 ans, de coupe, et un haut-fourneau, tout ceci préparé à l'avance.

Ici, dans ce moment du premier passage de mon histoire sur la découverte des trois trempes, je ne veux point trop ennuyer le lecteur et le praticien des premiers travaux préparatoires, très-connus, qui seront mieux expliqués plus tard, avec planches, dans mon ouvrage; je ne veux que démontrer la persévérance de la poursuite de la découverte du calorique, de ses six satellites, et diviser ces derniers en deux catégories bien distinctes, et des trois trempes, fonte grise, aciers immédiats et de cémentation, qui est le même, fonte truitée et blanche.

Le nouveau composé de l'air de l'eau et du diamant, et pourquoi les autres métaux ne se trempent pas comme l'acier et ne se cémentent pas.

Et pour abréger la description, je n'entre point (comme je l'ai dit ci-avant) dans le cours du fondage de la mine, dans le haut-fourneau ; je veux même que la mine se trouve bien fondue dans ce moment par d'autres et qu'elle vienne toute dans son bain à l'état de bonne fonte grise de première qualité ; mais néanmoins, je veux moi-même la couler pour en obtenir une gueuse de 900 à 1,000 kilogrammes. Je commence donc à me mettre en travail, en face du trou de la coulée du haut-fourneau, pour la recevoir et pouvoir obtenir ce que je désire en qualité de fonte ; je fais donc une rigole dans le sable de 4 à 5 mètres de longueur, et je perce le trou de la coulée, et la fonte vient dans la rigole, où elle se nivelle dans toute sa longueur, parce que je veux que cette même gueuse de fonte ait, dans toute sa longueur, trois qualités de fonte, savoir : fonte grise, fonte truitée et fonte blanche. Ces trois qualités se trouvent donc venues dans la même gueuse, conforme à mon désir ; mais les deux tiers de cette gueuse se trouvent inférieurs par ma faute, l'ayant voulu ainsi, puisque la fonte truitée perd un tiers de sa valeur, et la fonte blanche un peu plus de la moitié. J'en connaissais le mal et le remède pour pouvoir l'éviter ; mais je l'ai fait exprès pour démontrer aux hautes sciences et aux praticiens la bizarrerie des lois de la nature, que je dispose à ma volonté, si elles se présentent nuisibles à mon travail.

EXPLICATION DES CAUSES DES TROIS QUALITÉS DE FONTE DANS LA MÊME GUEUSE.

Le premier mal de cette gueuse, venue à son dernier tiers, fonte blanche, se trouvant plus éloigné de l'ouverture du fourneau, a été causé, parce que les ouvertures de l'établissement étant ouvertes et étant venue la première du côté du grand air, et en coulant dans la rigole, a emporté dans son elle-même toute la froideur de la rigole, et tous ses pores étant ouverts, l'oxigène et le fluide le son de l'air, se sont incorporés précipitamment dans son elle-même et lui ont causé un refroidissement si subit, qu'elle a été congelée et l'a rendue fonte blanche, trempée à trempe locale, c'est-à-dire que cette trempe ne se ramollit, ni ne se radoucit par aucun travail, ni recuit; que tous ses pores sont pleins et fermés, que l'aimant garde tant que la fonte existera. Mais il faut remarquer que la fonte blanche sonne toujours très-bien, et que, frappée d'un de ses morceaux l'un contre l'autre, font beaucoup de feu et sonne bien, et qu'elle est inattaquable par aucun burin, ni lime, et que tout son contenu est à l'état des quatre corps de feu majeurs, l'aimant, le carbonne, l'oxigène et le fluide le son, c'est-à-dire à l'état de diamant silicié (terreux) qui lui cache sa lumière. C'est la preuve naturelle de la trempe locale (fonte blanche) ou acier sauvage.

Fonte truitée. — Le second tiers de la gueuse qui se trouve au milieu, pourquoi est-il fonte truitée? parce que, étant plus près du haut fourneau que la fonte blanche, la chaleur de ce dernier et celle de la rigole l'ont préservée que le grand air la saisisse aussi vite, ayant été chauffée par la fonte blanche qui a coulé dans la rigole auparavant; c'est pourquoi cette fonte truitée n'a eu qu'un demi coup d'air incorporé d'oxigène et de fluide de son, qui l'a rendue trempe demi locale, et nul corps ne peut lui enlever cette demi trempe, ce qui prouve qu'elle a à ce degré de fonte truitée, une demi grande dureté à l'épreuve et un beau demi son de la fonte blanche.

Maintenant, pour qu'elle vienne à une entière dureté comme la fonte blanche, je la fais rougir d'un rouge cerise, comme les bons aciers et la fonte grise, qui est aussi un bon acier non affiné, et en la trempant à l'eau elle reprend son autre moitié de dureté à la trempe générale et a acquis une entière dureté de son et de feu, et en frappant deux morceaux l'un contre l'autre, on s'en convaincra comme à la fonte blanche.

Actuellement sur la dernière trempe générale à l'eau, qui l'a faite beaucoup blanchir par son électricité, saisie par le fluide le son qui l'a faite prisonnière avec lui dans son elle-même dans l'eau; je lui donne un recuit entre le jaune-paille et le violet, ce que je trouve par le burin et la lime, qu'elle est un peu ramollie et son son pas aussi clair; je lui donne un second recuit entre le violet et le bleu, la lime et le burin l'attaque un peu plus en la frappant, son son a encore varié un peu; je lui donne un troisième recuit bien bleu, elle est devenue à son point de demi locale comme avant sa trempe, sa couleur, sa dureté et son son sont les mêmes; je la détrempe encore à la trempe générale, et elle est en tout point de dureté et de son comme la fonte blanche, ayant ces deux trempes réunies.

Voilà la découverte des deux trempes demi-locales et

demi-générales, que possède en toute nature la fonte truitée.

Cette fonte ne vaut rien pour faire de bon acier et du fer, que de deuxième et troisième qualité.

FONTE GRISE.—SUITE DES DÉCOUVERTES DES TREMPES DE L'ACIER.

Pourquoi l'autre tiers de fonte de la même gueuse et de la même coulée se trouve-t-elle fonte grise?

Parce que la fonte blanche et la fonte truitée ayant passé les premières dans la même rigole, et la fonte grise étant venue la dernière, son lit a été beaucoup plus chauffé, et se trouvant plus près du haut-fourneau, l'a préservée du grand contact de l'air; et il faut bien faire attention que cette dernière fonte grise est à l'état d'excellent acier non affiné et à l'état de deux corps de feu majeurs (aimant et carbonne), et que je veux l'affiner moi-même et la rendre en acier immédiat sans la décarburer, ou la décarbonner. Mais il faut observer que la fonte grise, sans être trempée, ne sonne point comme les deux autres, et est extrêmement douce à la lime et au burin et extrêmement bonne pour refondre en seconde fusion toute espèce de pièces moulées et délicates: ses globules lumineuses d'aimant, en grand nombre, n'ayant encore acquis aucun air, elles sont aussi douces que son corps même; enfin cette fonte est aussi bonne pour faire de bon acier immédiat de cémentation, du fer doux, des armes blanches, du fil de fer, etc., dans tout ce qu'il y a de meilleur pour être bon conducteur de l'électricité.

POURSUITES DES DÉCOUVERTES DES TREMPES DE L'ACIER.

Avant d'aller plus loin, je veux vous expliquer la cause pourquoi je n'ai pas voulu rendre la gueuse égale en qualité de fonte grise dans toute sa longueur.

C'était seulement pour vous démontrer une simple expérience qui est souvent causée par cause d'incapacité du fondeur, du manque de combustible, ou de mauvais combustible, surtout quand il manque d'embrasement fondant de bon charbon entre le vent et la matière. Ici est le ratelier et la crèche qui doit être bien garnie de bons combustibles, embrasés et aussi bien soignés comme le bon foin et la bonne avoine destinée à un cheval; autrement vous détruirez toujours votre matière sans vous en apercevoir.

Or, pour avoir obtenu la fonte grise dans toute la longueur, il fallait, au moment de la coulée, avoir du sable bien sec, bien chaud, à toucher les parois du haut-fourneau et faire la rigole avec ce sable bien chaud; fermer toutes les ouvertures de l'établissement, mettre un paravent autour de la rigole en face du haut-fourneau, pour empêcher le grand contact de l'air que l'aimant de la fonte attire de toute part; puis, quand le bain de la fonte aurait eu coulé la gueuse dans sa rigole, la couvrir de suite de ce sable bien sec et bien chaud, et la chaleur de la fonte aurait fait de suite fondre tout ce sable qui l'aurait touchée et se serait trouvée couverte d'une forte croûte de mastic pris avec le dessus du gros lectier de la fonte, qui l'aurait préservée de tout refroidissement subit et aurait été fonte grise dans toute sa longueur de guense.

Affinage de l'acier, de la fonte grise, pour la convertir en acier immédiat, et du fer pour acier de cémentation après.

Cette fonte grise est sans contredit, telle qu'elle est, à l'état d'excellent acier non affiné, et ne possède aucune espèce de trempe locale, ni demi-locale, n'ayant aucun air dans son corps.

Le but de l'affinage de la fonte grise, pour la convertir en acier immédiat, est de lui maintenir son carbonne que l'aimant de la mine lui tient, et de ne lui enlever seulement que ses lectiers et autres corps étrangers.

Je prends donc le morceau du tiers de gueuse (fonte grise) pour ne convertir que seulement la moitié en acier immédiat de première qualité, et l'autre moitié, je la garde pour la convertir en fer doux pour en faire de l'acier de cémentation.

Je commence donc par l'acier immédiat. Comme c'est presque toujours l'usage que chaque forgeron a ses manières, je me range une affinerie (ou forge renardière) un peu plus profonde, pour l'affinage de l'acier, que pour l'affinage du fer, et la tuyère beaucoup plus élevée et avancée en pente et presque au milieu de l'affinerie.

Je remplis donc mon affinerie de charbon, et après qu'il est pris, je mets ma fonte par-dessus et je la couvre d'autres charbons ; lorsqu'elle est rouge, presque blanc, je la casse à coup de ringal, et il faut bien faire attention qu'elle soit chauffée toujours sous le vent qui vient de plus haut pour que son carbonne naturel qu'elle possède ne sorte pas de son corps et qu'elle s'affine en même temps, et que les gaz des charbons embrasés fondants, soient pris toujours entre le vent et la matière, lui sont lancés avec force, et elle devient en transsudation; sa sueur et ses lectiers commencent à se liquefier, et je lui jette continuellement des scories (sable et battiture), je perce le chios, je l'avale dans son lectier de scories, toujours en la relevant avec le ringal; je sens que ses molecules (corps) se lient en la tournant et retournant. Elle se forme en boule, je la perce à coups de ringal pour faire sortir le reste de ses impuretés et de ses lectiers; voilà le moment venu de la cingler : nous sortons la loupe de l'affinerie, et avec des maillets, nous rapprochons ses crevasses, nous la portons sous le marteau, elle n'est nullement bouillante; elle se lie bien et est ductile au marteau, elle s'étire en gros lopins, puis en barre; je la passe à l'épreuve, j'en prends un morceau pour en aciérer un outil, je le chauffe et le forge on ne peut mieux. J'en fais l'essai, il coupe un peu et casse la fonte blanche. Je passe de même toutes les barres à l'épreuve sans être trempées : elles deviennent ductiles et nerveuses; je frappe les carrés de deux barres l'une contre l'autre, ils s'entaillent tous les deux un peu et ne sonnent pas; j'en coupe un morceau de 0^{m} 30^{c} de long, je le fais rougir rouge cerise en entier, je le trempe à l'eau; il devient blanc comme un linge et sonne bien. J'en fais un tranchant à couper le bois dur, je le retrempe de nouveau couleur rouge cerise, et je le récuis bien bleu; il casse extrêmement net. En coupant ce dernier, son grain est extrêmement fin : je le recuis encore bien bleu, brûle-bois flambant, et il devient d'une résistance sans égale, ce qui prouve qu'il est de la première qualité d'acier.

Voici l'inventaire du contenu de la fonte grise avant d'être convertie en acier immédiat, deux corps de feu majeurs, aimant et carbonne :

Même fonte grise trempée à l'eau, couleur cerise, trois corps de feu majeurs (aimant, carbonne et le fluide le son); même fonte détrempée par portion de différentes variétés d'atmosphère, de couleur de recuit, de son et de dureté, qui sont trois fluides; ces trois derniers s'en sont allés, et la fonte se trouve au même point comme avant d'être trempée.

Dans toute cette opération, la matière de l'acier immédiat est la même comme à l'état de fonte grise; il n'y a de moins dans l'acier que les lectiers et autres corps étrangers enlevés par l'affinage immédiat.

Cette dernière opération représente à l'acier un linge sale tout-à-fait bien fini de laver, ce que la fonte grise n'a pas.

Actuellement, voici l'inventaire du contenu des charbons qui ont servi à fondre la mine, en fonte, l'affinage de l'acier immédiat et du fer doux pour convertir en acier de cémentation.

Tous ces contenus de ces charbons étaient donc de l'aimant et carbonne, corps combustibles de deux corps de feu majeurs, comme la fonte et l'acier, et par le travail, ces derniers sont devenus métalliques et revenus encore en toute nature, aimant et carbonne, par la seule combinaison des aimants de la mine et du fer qui a attiré le carbonne des charbons.

Sans réplique définitivement, la nature vous démontre donc bien que la matière ne doit jamais être attaquée que par des matières combustibles contenant sa même matière, ou vous la détruirez complètement.

Je prends donc l'autre morceau de moitié de fonte grise; le but de l'affinage de cette même fonte grise pour la convertir en fer doux, est de lui enlever son carbonne, ses lectiers et ses corps étrangers le plus possible et de la réduire à l'état de fer, c'est-à-dire de ne prendre à la fonte que sa matière goudronneuse, ou mastic de fer pur, comme l'on prend la crême au lait pour en faire le beurre.

Ici, je n'étends point ce chapitre sur l'affinage du fer, comme celui qui précède, sur l'acier immédiat, parce qu'il ne diffère qu'en ce que, seulement, il faut que l'affinerie du fer soit un peu plus haute et pas aussi profonde de creuset, et la tuyère plus basse sur le côté que celle de l'acier, parce qu'elle facilite mieux la décarburation de la fonte pour l'amener à l'état de fer; tant qu'au reste du travail, il est à peu près le même.

Poursuites de l'affinage de tous les corps pour arriver à découvrir les trempes de l'acier et fer doux, que je viens d'affiner, pour convertir en acier de cémentation de travers en travers.

Pour bien faire ressortir les vérités de toutes les trempes et démontrer les véritables lois de la nature dans la métallurgie, il faut affiner et analyser en toute nature tous les corps, et dans cette opération, l'acier de cémentation doit être démontré dans toute sa manière de le fabriquer et de l'obtenir fini; mais quant aux trempes de l'acier que l'on me croirait incapable de démontrer en nature, j'abrège ici les trois quarts des écritures de l'acier seulement, ainsi que tous les genres de fourneaux de cémentation, martinets, affineries à reverbère, chauffées par des buses; et toute cette science sera représentée dans toute l'étendue de son art et comprise par tous ceux qui travaillent l'acier en général dans le grand ouvrage.

Je reprends donc, et pour cela, je commence à prendre le fer doux que je viens d'affiner, je le mets dans un fourneau de cémentation, je le cémente de travers en travers, et au bout de 12 ou 15 jours, je le sors du fourneau et je le trouve entouré de bouffissures comme des moitiés de petits pois ou fèves, ou lentilles (air comprimé, trempe locale pris dans la cémentation); il est dur, à grain fin, sonne et représente toutes les qualités de la fonte blanche.

Mais avant d'aller plus loin, il faut que toutes les sciences et les praticiens portent ici toute leur attention, puisque me voilà en présence de quatre différentes espèces d'aciers non affinés, et dont voici à chacun leur nom et leur contenu primitif :

1° Fonte grise, venue blanche, par l'incorporation de l'air à trempe locale, 4 corps de feu majeurs ;

2° Fonte truitée, demi coup d'air, ou demi-locale, et en lui donnant une seconde trempe générale à l'eau, elle vient dure et sonne comme la fonte blanche ;

3° Fonte grise, ou acier affiné trempé à l'eau, à trempe générale ; elle vient dure et sonne comme la fonte blanche et truitée ; cette dernière n'a que la seule trempe générale à l'eau ;

4° Fer cémenté qui n'était avant qu'un seul corps de feu (l'aimant), et par la cémentation est devenu à quatre corps de feu majeurs, c'est-à-dire trois corps pris dans le fourneau de cémentation : le carbonne des charbons, l'oxigène et le son, et le voilà égal en tout aux quatre corps de feu majeurs comme la fonte blanche.

Mais, ici, voilà un effet bien bizarre de la nature qui a embrouillé du tout en tout toutes les sciences; saisissez bien ceci : puisque la fonte blanche et le fer cémenté sont égaux à quatre corps de feu majeurs, durs et bouillants de même et tous les deux à l'état d'acier brut non affiné, ne peuvent-ils s'affiner pareils?

Pourquoi donc le fer cémenté par deux ou trois affinages réitérés s'affine-t-il bien en perdant le bouillonnement de son oxigène et du fluide le son qu'il avait pris dans sa cémentation?

Et pourquoi la fonte devenue blanche, qui est de l'acier venu de la première fusion, ne s'affine-t-elle pas comme le fer cémenté?

Parce que le fer, pour la cémentation, a été parfaitement bien affiné d'avance, sorti de bonne fonte grise, et qu il a été facile de l'amener de suite à l'état d'acier affiné, parce que son corps avait été épuré d'avance, et celui de la fonte blanche, pas du tout, puisque cette dernière contient encore toutes les impuretés qu'elle avait en sortant du haut-fourneau, et qu'aucun corps ne pouvait la radoucir, et qu'elle se brûlerait plutôt par elle-même que de céder aucun corps de son contenu. Voilà pourquoi elle ne s'affine pas comme le fer cémenté.

Voilà donc encore comment se forment les essais de la fonte grise devenue blanche pure, démontrés en toute nature, et aucun savant ne peut démontrer le contraire.

Le fer fait de fonte truitée ne se cémente pas pour faire de l'acier, ni de trempes à paquets, ou petite cémentation, parce qu'on ne peut pas l'amener à l'état de bon fer affiné, possédant personnellement sa trempe demi-locale qu'elle a reçue primitivement, ou si on le cémente, on n'obtient jamais que de mauvais acier, presque comme la fonte blanche.

Tout corps bouillant quelconque, soit fonte, fer ou acier, c'est l'apparition et présence de l'oxigène et du fluide le son, première cause venue par les fontes blanches ou truitées, et c'est la présence de ces deux corps de feu légers qui empêchent l'affinage de tous les autres corps.

La bonne fonte grise est la reine de tous les métaux, même des plus beaux diamants et de l'or; il n'y a pas de corps dans toute la nature qui produise de plus grands services à l'agriculture et généralement à toutes les sciences, dont elle est la richesse et la fortune.

Découverte des trempes des aciers immédiats de cémentation et fonte grise.

Mais avant de donner l'analyse naturelle de ces découvertes des trempes des aciers et fonte grise, qui est le même, je crois devoir auparavant vous faire connaître ce que disent les divers auteurs qui ont écrit sur l'histoire des forges.

M. Landrin, ingénieur des mines du gouvernement, et membre de plusieurs sociétés savantes de Paris, en 1839, dit dans son ouvrage sur l'art de travailler tous les corps provenant de la mine de fer, fontes, aciers et fers, au 2me volume du chapitre Vme, page 141.

« Les phénomènes de la trempe de l'acier ont donné lieu « à bien d'explications, dont pas une n'est satisfaisante. Le « célèbre Réaumur, grand ingénieur du Roi, a consacré « tout un mémoire à la solution de cette question, sans « pouvoir y parvenir entièrement. Tous ceux qui l'ont suivi « n'ont pas été plus heureux, et nous ne tenterons pas de « suivre leurs traces. On parvient à expliquer par des hypo- « thèses plausibles la dureté et la fragilité acquises par l'acier « trempé, mais sitôt qu'on recherche pourquoi les autres « métaux ne se durcissent pas également par le refroidisse- « ment subit, tout l'échafaudage du raisonnement tombe, « et on se retrouve dans la même incertitude qu'aupara- « vant.

« Le fer pur et les autres métaux ne se trempent point. « La fonte refroidie subitement devient blanche et ressem- « ble à l'acier sous quelques points de vue. Cette considéra- « tion conduirait à penser que le phénomène de la trempe « est dû à la manière d'être du carbonne dans le fer; si « l'on avait obtenu de l'acier durci à la trempe sans une « trace de carbonne, et que du fer dans lequel se trouvait « du carbonne, il eût résisté à la trempe. »

Je réponds à tous ces embarras.

Vous me citez dans votre ouvrage toute la valeur de ces grands hommes qui se sont tant épuisés à chercher à découvrir les secrets de la nature dans les trempes des aciers et du calorique; tout ce que j'ai à répondre, est que toute leurs sciences et leurs capacités ne pouvait jamais atteindre ce but, comme je vais vous le prouver.

Je réponds d'abord aux premières questions. Pourquoi tous les autres métaux ne se cémentent pas, ni ne se trempent pas, non plus que le fer doux?

— Je réponds : Et pourquoi la mine de fer dont son contenu est l'aimant, premier corps de feu de toute la nature, se cémente-t-elle parfaitement bien d'elle-même à mesure qu'elle se fond dans les charbons du haut-fourneau et qu'elle se trouve de suite à l'état d'acier non affiné (fonte grise) n'étant que fondue, et se trempe et recuit à tous degrés comme l'acier affiné?

Et pourquoi tous les autres métaux ne se cémentent-ils pas aussi bien d'eux-mêmes en fondant leurs mines dans des mêmes haut-fourneaux et charbons, comme la mine d'aimant et de fer?

C'est que tous les savants et praticiens n'ont pas pratiqué et étudié les matières et combustibles, comme moi, ni compris que toutes les mines de fer sont des mines de fer, de feu et d'aimant plus ou moins riches les unes que les autres, et que dans cette dernière qui, à l'état de fondant dans les charbons embrasés, gazeux, en laittance avec la castine; que l'aimant de la mine de fer pompe et suce le carbonne, comme une sangsue pompe et suce le sang, et que la mine en remplit tous ses pores; qu'elle ne lâche que difficilement dans l'affinage du fer et de l'acier, et c'est de cette manière qu'elle sort en fusion du haut-fourneau fonte grise; et le fer doux affiné, venant de cette même fonte, est un nerf de fer; son contenu de texture est comme une éponge fine, aplatie, remplie de lamettes, de petits trous; et quand on cémente ce même fer pour faire de l'acier, l'aimant du fer, par sa chaleur, et l'aimant des combustibles qu'on lui force, fait ouvrir ses petits trous et les remplit encore de carbonne des charbons et les resserre en froidissant, et quand la cémentation est finie, le fer se retrouve encore converti en acier de travers en travers.

Vous dites aussi : Pourquoi le fer doux ne se trempe-t-il pas comme l'acier? Parce que le fer doux, comme je l'ai déjà dit, n'ayant pas de carbonne, est comme une éponge fine, aplatie, qui forme son nerf, et à même que vous le trempez à chaud, l'électricité du fer dans l'eau passe de travers en travers par ses petits trous; c'est pourquoi il ne se trempe pas, non plus que les autres métaux, n'étant pas de mine d'aimant, ne pouvant pas attirer du carbonne pour former de l'acier; c'est pourquoi tous les autres métaux ne se cémentent, ni ne se trempent, non plus que le fer pur. — Répondez à cela par la voie des journaux, et j'y répondrai.

Copie naturelle de la découverte de la trempe de l'acier immédiat et de cémentation et de fonte grise ou acier brut non affiné pareil.

Il faut aussi bien remarquer que les aciers affinés et la fonte grise ne sonnent pas du tout avant la trempe générale à l'eau, et que les aciers et la fonte sonnent parfaitement bien après la trempe, par l'attirement du fluide le son qu'ils prennent à l'eau.

TREMPE DES ACIERS AFFINÉS IMMÉDIATS DE CÉMENTATION ET DE LA FONTE GRISE.

Chauffez tous les trois à l'état de rouge cerise (terme moyen), se dilatant un peu, et en les mettant à l'eau; par la sensation du refroidissement subit qu'ils reçoivent, la chaleur ou l'électricité veut sortir, et ils font dans l'eau un ronflement et craquement, occasionné par l'incorporation en eux de la vibration du son qui est dans l'eau, comme dans l'air, et qui a saisi l'électricité de l'acier (aimant), qui a son corps plein de carbonne. C'est donc tout simplement deux fluides emprisonnés par le resserrement du volume que se fait l'acier dans l'eau.

La preuve en est si convaincante, que le fluide le son, en repoussant l'électricité, la fait prisonnière comme lui, puisqu'en frappant avec un marteau sur l'acier trempé, vous lui trouvez dans son lui-même la vibration du son qu'il a pris à l'eau, et a réduit l'électricité du fer, qui est l'âme de l'acier, à l'état d'inerte, où tous les deux se trouvent prisonniers dans l'acier.

Actuellement, par des atmosphères de variétés de couleurs, de recuit, après vous ôtez ces trois fluides, parce que l'acier se redilate, rouvre ses pores, et l'électricité, le fluide le son et sa dureté sortent par degrés, et vous mettez votre acier au point de dureté que vous voulez lui donner, par sa première couleur jaune paille, jusqu'au bien bleu brûlant le bois, et jusqu'à la détrempe totale, si vous voulez.

Voilà les découvertes et démonstrations de toutes les trois trempes démontrées de tous les corps de la métallurgie du fer.

La bonne fonte devenue bien blanche par la trempe locale et qui se trouve avoir dans son intérieur des grains de diamants ou acier sauvage, n'a qu'un peu de dureté de moins que les diamants de la couronne.

Sans réplique définitive, il n'y a pas de jugement en métallurgie, en chimie, en physique et en pratique qu'on puisse mieux définir, et je m'en rapporte à cet égard à toutes les hautes sciences qui ont traité sur ce sujet.

Voilà donc tous ces grands phénomènes découverts, où tous les grands savants de toutes les nations du monde se sont épuisés à chercher la source et les secrets du calorique (feu) et de ses six satellites, dont ces derniers forment deux catégories : du composé de l'acier, de l'eau et de toutes les trempes des métaux provenant de la mine de fer et d'aimant de feu, où je me fais l'honneur d'avoir travaillé pendant 56 ans toutes ces matières, et mis 28 ans pour découvrir et parvenir à tous ces secrets, dans les usines, bibliothèques et académies des sciences, à Paris et à Bordeaux, et je me flatte d'être entièrement parvenu, moi seul ; et maintenant que tous les savants se présentent pour me disputer le contraire, je les attends. Mais ces savants, que je respecte, je les distingue en deux classes : les théoriciens et les praticiens; je désire que ces messieurs acceptent mes offres, soit à Paris, à Bordeaux ou à Londres. Chaque qualité d'acier, dans l'ouvrage, aura son explication de trempe et de recuit.

Je viens d'établir l'inventaire de la métallurgie du fer depuis la mine jusqu'à la découverte des trois trempes, des fontes blanches, truitées et des aciers affinés et fontes grises ou aciers non affinés, mêmes trempes de ces derniers. Maintenant, voici l'organisation de tous les corps provenant de la mine de fer par les quatre corps de feu majeurs de la mine, des combustibles et de l'air vital, qui se font et se défont par eux-mêmes.

L'aimant est considéré, sans contredit, le premier point de centre dans toutes les matières combustibles; l'air, l'eau et lé fluide le son qui se fait entendre, c'est la ligne droite, et l'oxigène et le carbonne en sont plus ou moins une partie absente.

Détail des organisations particulières des corps qui forment l'ensemble et la variété des produits de toute la mine de fer, des fontes, des aciers et des fers qui en ressortent, divisée d'après les lois de la nature en cinq différentes catégories bien distinctes, savoir :

PREMIÈRE CLASSIFICATION DES CONTENUS DES ORGANES DES CORPS DES FONTES, ACIERS ET FER.

1° Le sang et l'âme ;
2° La chair, ou organes ;
3° Les nerfs ;
4° Les os ;
5° Les entrailles.

DU SANG OU L'AME.

C'est le fluide magnétique et lumineux des aimants mêmes, composé du soleil qui est le sang, l'âme et la base de tous les corps de feu de la mine de fer et d'aimant, et qui s'allie avec ce dernier dans toutes les matières et combustibles à l'état latent et animé beaucoup plus léger que l'air, et se fait immensément sentir par des courants magnétiques, seuls et visibles, accompagnés d'un autre corps de feu majeur, au moins de l'oxigène.

LA CHAIR OU ORGANES.

C'est la chair des matières qui sont mêlées aux mastics goudronneux ; nerveux sont les suints ou gaz matériels de ces mêmes quatre corps de feu majeurs plus ou moins, qui augmentent par la chaleur, et sont matériels; ce sont eux qui remplacent tous les vides ou espaces organiques du fer.

LES NERFS.

Ce sont les nerfs dans le fer qui sont la responsabilité des os, les nerfs attaquent; s'ils sont attaqués, tout le reste de la charpente se dénature ou se rouille.

Les nerfs sont tous des corps nerveux provenant de bonnes fontes grises, matière bien affinée d'où sortent les bons aciers et bon fers.

LES OS.

Les os ou squelettes de la charpente des corps, sont le reste des matières fatiguées devenues sèches, seules les dernières à l'état de dureté terreuses, presque tout à fait mortes, par le trop de fortes saturations, brûlées par elles-mêmes.

LES ENTRAILLES.

Les entrailles sont les restes d'impureté de toutes les matières (le machefer).

Voici maintenant les noms des corps qui ont été avec plus ou moins de peine, obtenus des matières par les mêmes quatres corps de feu majeurs, qui sont toujours par de bons affinages maîtres sur tous les autres, et restent les derniers parce que ce sont eux qui sont la matière de la matière (le bon fer), plus ou moins ou pas du tout carburé ou de l'acier immédiat.

DU CALORIQUE (AIMANT FEU).

Le calorique (aimant feu) sera toujours pour moi un effet de grande admiration de joie et de respect, ainsi que ses six satellites. Tous ceux universellement qui ont tenté de découvrir les secrets du calorique, de feu, de l'eau, de l'air, du diamant et des trempes de fontes de fer et des aciers, et la raison pourquoi tous les autres métaux ne se trempent pas comme l'acier, y ont tous succombé. Ainsi, les études du feu sont-elles les premières connaissances importantes à connaître de toute la nature; c'est donc toute la puissance de cette belle lumière que je vais démontrer; manne de tous les métaux provenant de la mine de fer, de feu, d'aimant et de magnétisme.

Les études du feu, personne aujourd'hui n'en doute, sont une des véritables premières utilités de toutes les sciences dont la pratique intéresse tous ceux qui se servent de feu, mais surtout ceux qui professent l'art de la métallurgie du fer, et qui veulent s'en faire un état et en avoir une explication toute naturelle.

Toutes les sciences, tout le monde qui voit le feu à l'état d'animé, et les différents phénomènes qu'il forme, brûlant, dilatant, distillant, formant toutes sortes de différents corps, de flèches, de flammes, de lumière de toute couleur, panachées entremaillées d'une multitude d'autres variétés de gerbes et de corps colorés, et qui après leur passage dévastateur, que chacun croit que ce n'est qu'un seul corps qui a laissé tant de ruines, parce que ce mot de feu ne dit qu'un seul mot.

Ainsi, c'est ce chef moteur de tous les éléments de la nature, l'aimant qui vous donne la vie, vous raréfie, vivifie, et ne vous quitte qu'en perdant la vie, tous ces corps que je viens de découvrir avec ses six satellites, autre corps de feu de deuxième et troisième ordre au-dessous de lui, et sa plus grande puissance est d'être avec eux dans la mine de fer d'aimant et combustibles. Donc, il organise et harmonise tout son corps avec ces derniers et par la science de la métallurgie, pour faire tous les métaux que vous puissiez lui demander; il se prête avec bonté, chasse et attire à vos désirs, par son aimant et le concours des charbons, son second lui-même, tous les autres corps de feu plus ou moins, ou en partie, ainsi que toutes ses impuretés nuisibles et en lui seul; si c'est du bon fer que vous lui demandez, il y reste le dernier dans toute la puissance de sa nature, et est considéré universellement le roi de tous les métaux. Son corps à l'état latent est encore un pôle pour attirer ou repousser tous les corps dont il est le maître. Que peut-on demander de plus justifiant de sa belle nature? Sa présence est l'emblême de la chaleur du calorique, de l'électricité et du magnétisme de tous les corps et en particulier ceux qui fondent la mine de fer, de feu et d'aimant, et ceux qui travaillent la fonte, l'acier et le fer.

C'est donc lui qui est le feu céleste des entrailles de la terre et sur la terre, combiné avec le soleil; son corps de feu (l'aimant), maître de tous les autres corps de feu universels et de toutes choses, ses secrets et sa puissance, ne pouvaient donc point être découverts par aucune autre personne que par un homme praticien de corps de feu, des produits minéraux, végétaux, animaux, ses seconds lui-même.

AUTRE DÉCOUVERTE DU CALORIQUE.

—

LE FEU PRODUIT PAR LA FORCE DE LA CHALEUR.

Qu'est-ce qui produit la force de la chaleur? C'est la force du frottement qui en fait éclore le feu, parce que les deux corps qui se frottent sont composés dans leur naturel de corps de feu, et se broyant ensemble, les deux corps de feu de l'aimant et de l'oxigène de l'air s'échauffent, l'électricité éclate, allume l'oxigène qui s'enflamme, et les deux corps flottants brûlent à l'instant.

FEU LATENT.

La chaleur des corps de feux latents (mine de fer et d aimant) signifie chaleur cachée dans la matière, et les charbons à l'état de sommeil. La chaleur latent est beaucoup plus riche en nombre dans la matière ferreuse que dans aucun charbon et autre corps quelconque.

Le phénomène de la fusion de la fonte de fer se fait par la chaleur en fusion et fournie par la fusion du même corps par elle-même; et pour arriver à ce point, il a fallu en premier le concours d'un feu latent des charbons.

L'azote de l'air, l'hydrogène de l'eau, des matières bitumineuses, ardoiseuses, les terres réfractaires, graves, l'amiante, et autres qu'il y a dans la mine de fer, et les charbons, sont des corps incombustibles et non des feux latents qui nuisent dans toute la métallurgie du fer; c'est ce que les sciences n'ont pu comprendre, ni développer à faire des réserves dans les changements de tous les corps provenant de la mine de fer, ce qui sera parfaitement démontré dans le travail de tous les corps de la métallurgie.

La nature de tous les corps en général animés ou inanimés, à l'état de solide (métal) et autres visibles ou invisibles, morts ou vivants, et à l'état de sommeil, existent toujours sans fin à l'état de fluides et de gaz dans la nature de la catégorie générale des corps qui l'ont été avant son apparition, formés pendant et après.

Tout corps mort quelconque n'est plus qu'une cage donnée par l'oiseau ou les oiseaux qui en ont fait gîte; mais ces derniers vivent toujours, ce qui fait tout même corps renaît de sa même et propre substan comme le feu est sans fin. Tout cet ensemble est donc to la nature en action. Telle est l'usure de tous les produits la mine de fer, d'aimant, charbon et tout corps quelconque animé, ou inanimé en général.

J'ajoute ici quelques développements sur la mine de fer, qui a pour première base unique le fluide lumineux et les globules lumineuses d'aimant unies et de la silice (terre), et ses métamorphoses d'union qu'elle fait avec le carbonne, l'oxigène et le fluide de la vibration du son qu'elle attire.

La mine de fer, dans toutes ses qualités qu'elle produit, forme une infinité de corps que les hautes sciences ne connaissent pas. D'abord, la plus répandue de la mine au-dedans et sur la terre se fond en laitance et vient unie en combinaison avec le carbonne des charbons qui l'a fondue dans le fourneau, et on lui donne à sa sortie, en fusion de ce dernier, trois noms de son même corps, mais sa base naturelle est toujours aimant et carbonne. Son nom, qui nous vient de l'antiquité, est *fer fondu*, puisqu'on le met au moule en petit et grand modèle, sous toutes sortes de formes, en première et seconde fusion immédiatement.

Puis, *fer cru*, parce que c'est du fer de toute qualité qu'il produit; puis, *acier brut* non affiné, parce qu'il est la base unique et le produit de tous les aciers.

Il est donc bien le pur nom de ses trois noms, puisqu'il remplit tous les rôles et fait la pure nature de chacun de ses trois corps; ainsi, que l'on dise, fer fondu, fer cru, ou acier brut non affiné, l'on dira toujours la même chose du même corps.

Mais qui est-ce qui pourra démontrer avec facilité comment tous les corps changent de corps et de nature par eux-mêmes dans le travail de toute la métallurgie du fer? J'en ai donné un petit aperçu depuis la mine jusqu'à la découverte des trempes, mais ce n'est pas tout; et cependant il n'est pas difficile de faire changer les corps par eux-mêmes, puisque de la mine de fer, pour en obtenir de la fonte ou fer fondu de toute qualité par le même fondage, il n'y a qu'un pas à faire, et par le même fondage du même fer fondu à convertir en acier affiné; et encore du même fer fondu, du fer forgé et laminé, de toute qualité, et du fer forgé, un pas à faire pour obtenir de l'acier de cémentation de toute qualité, et de ce dernier, un pas à faire pour en obtenir de l'acier recémenté, passant pour fondu, et encore un pas à faire pour en obtenir de l'acier fondu, fait avec l'acier immédiat et de cémentation.

Tous les corps décrits ci-dessus sortent tous de la même mine, du même fondage, de la même coulée et finalement de la même gueuse dont j'ai déjà parlé. La preuve est donc bien convaincante que la mine, les combustibles et l'air vital sont tous des composés des mêmes corps, et que tous les corps ne changent de corps dans le travail que par des atmosphères, des fluides et des gaz, et qu'il n'y a que le praticien seul qui puisse en tirer parti, parce qu'il n'y a que lui seul qui les connaît.

DES AIMANTS NATURELS ET FACTICES.

Les aimants factices sont des aimants extérieurs qui n'ont que le fluide et point de poids, comme les aimants naturels; les aimants factices font la science des physiciens, mais n'ont aucun effet dans le travail de la métallurgie du fer ; ce sont les aimants naturels intérieurs qui font la formation et l'union de tous les corps et sont les seuls appuis de toute la métallurgie du fer.

DES COMBUSTIBLES, CHARBONS

ET ALLIANCE DU CARBONNE DES CHARBONS A LA MINE DE FER, DU CHARBON DE TERRE, DU COKE ET DU BOIS.

—

1° *Du charbon de terre, houille.*

Le charbon de terre est un corps minéral en principe terreux, ardoiseux; ce dernier corps est incombustible : son composé, non compris ce dernier, est à l'état de cinq corps, dont trois de feu majeurs : l'aimant, le carbonne et l'oxigène; plus un premier fusible, le soufre, et un corps éteignant l'hydrogène, qui font cinq.

En le brûlant naturel en premier, il se dilate par l'évaporation de ses gaz goudronneux peu flambants, où l'hydrogène (eau) et l'oxigène (flamme blanche) et le soufre (flamme bleue) se disputent ensemble à qui s'évaporera le premier. Vient ensuite le commencement des embrasements ardents ; c'est le moment où les charbons sont dans leur plus grande bonté de force pour dilater, fondre et ressuer toutes les matières qu'on veut lui soumettre. Un moment après, ces derniers ne sont presque plus qu'à l'état de matières terreuses, se détachant en moyens et petits morceaux et fraisils, suivis de lamettes plus ou moins ardoiseuses, vitreuses et terreuses qui se cassent et se broient plus que le verre ; il s'ensuit un machefer qui est vitreux, terreux, s'il n'a pas chauffé le fer.

Du Coke.

Le coke est un résidu de charbon de terre à l'état de frit, c'est-à-dire déshydrogéné (plus d'eau) désoxigéné (plus de flamme) qui n'a plus de gaz inflammable ; ses qualités varient suivant comme il est cuit et le besoin que l'on doit en faire. Les machines à vapeur et les fonderies de fontes de fer en font la plus grande consommation ; ce dernier, cuit, allumé dans un feu de forge, ne peut pas rougir un morceau de fer doux. Aussi aucun forgeron, mécanicien, maréchal, ni serrurier ne s'en servent pour leurs forges ; la cause en est parce que le bon fer ne possède qu'un seul corps de feu (l'aimant), et que le coke se trouve privé de ses deux corps de feu premiers fusibles (le soufre et l'oxigène), ce qui l'empêche de s'animer et de prendre.

Cependant, il fond parfaitement bien toutes les fontes de fer, parce que la fonte grise lui porte deux corps de feu majeurs (l'aimant et le carbonne), et ses lectiers qui le facilitent à ouvrir ses pores ; la fonte truitée lui en porte trois, et la fonte blanche quatre. Il fond aussi parfaitement bien la mine de fer, quoique plus dure encore, parce que la mine de fer a ses sept corps de feu, les quatre corps de feu majeurs et ses trois corps premiers fusibles qui activent tous les autres; puis la castine qui porte aussi les quatre corps de feu majeurs, qui fait en tout onze parties de corps de feu que le coke reçoit en sus de son contenu de lui-même, qui n'est qu'à l'état de deux corps de feu majeurs (aimant et carbonne), et encore il est un quart dénaturé.

Charbon de Bois.

Le bon charbon de bois, sans avoir pompé aucune humidité, est à l'état de deux corps de feu majeurs (aimant et carbonne), puis sa cendre, qui est le squelette de la charpente de son corps, comme tous les autres charbons en ont quand ils brûlent à leur état de pureté. La rougeur ardente dans les charbons est le fluide lumineux de l'aimant, et à mesure que les charbons brûlent, ce sont les mêmes deux corps de feu alliés qui se consument ; c'est par leur évaporation, en semant la chaleur des aimants, que nous ressentons, ainsi que tous les autres corps environnants; c'est toujours eux deux qui abandonnent la cendre les premiers dont cette dernière reste autour des charbons, et à même que vous soufflez par-dessus les paillettes, les cendres tombent ou s'envolent et le charbon se ranime par l'approche de quatre corps de feu majeurs de l'air, c'est-à-dire que les deux corps de feu malades ou prêts à s'éteindre sous la cendre, sont dégagés de cette dernière par le feu de l'air qui s'est mêlé avec eux et les ranime encore, et renouvelle plus ou moins leur action continuelle.

TOURBE.

La tourbe est un corps intermédiaire entre le charbon de terre et le charbon de bois; elle est à l'état de commencement de pétrification de charbon de terre.

Une partie des mauvaises mines de charbon de terre sont des mines de mauvais charbons non assez pétrifiés.

De la barre de fer à froid, forgée et chauffée par son feu animé d'elle-même, sans avoir recours au feu de forge, ni autres.

On lit dans l'histoire sur le feu, et les cours de chimie et de physique le disent aussi :

« La cause de la chaleur et du feu nous est inconnue. On a donc crû lui donner le nom de *calorique*, en attendant que les sciences soient plus avancées et nous donnent des notions précises sur la source de ces phénomènes. »

Je vous donne ici une nouvelle preuve convaincante de sa découverte. Voici encore une autre fois la source de la chaleur qui commence par elle-même en petit et vient en grande animation de calorique.

Ainsi, pour vous en convaincre, prenez une barre philosophale de feu (barre de bon fer doux), carré de 0^m 33^c de longueur pour la forger et étirer jusqu'à un mètre, en peu de temps, sans feu de forge, ni autres. Pour cela, il faut porter la barre sous un marteau platineur de fabrique d'acier, qui vous donnera de 400 à 450 coups par minute, et animeront le feu latent qui viendra continuellement rouge cerise sous les coups de marteau de la barre, et s'étirera facilement et au même dégré de température, comme si elle avait été chauffée dans un feu de forge.

Ce phénomène est causé par l'animation de la cohésion que reçoivent les aimants de feu et de fer que contient la même barre qui s'anime dans sa seule nature et dont vous ressentez cette même chaleur aussi ardente et aussi violente comme si elle venait d'un feu de forge.

Peut-on nier que ce n'est pas le feu lui-même qui existe dans la barre d'aimant de feu de fer et de fluide électrique magnétique, qui fait tout son effet par le seul contenu de son lui-même?

Cet effet ne se fait à aucun autre métal quelconque, parce qu'ils ne sont pas aimant, ni corps de feu de nature. Je soutiens et sans réplique que c'est le feu lui-même dans la barre de fer.

La mine de fer, d'aimant, de feu, de fluide électrique, de vie, de mort, de magnétisme, de diamant et d'esprit organique, c'est la même chose. Je considère la mine de fer sur la terre et dans la terre comme la fille aînée et unique du soleil, et la mère de tout ce qui est organisé et qui a vie. Si nous n'avions pas de fer dans notre sang, nous n'existerions pas; c'est lui qui nous produit son fluide lumineux dans notre corps, à qui nous devons la vie, qui

donne tout son cours au magnétisme et à l'esprit organique.

La barre de fer produit le premier grand fluide qui existe sur la terre et en fournit à tous degrés, même à l'état latent (à froid) pour tous besoins.

LA DÉCOUVERTE DU FEU DANS NOUS-MÊME, PAR NOUS-MÊME.

Autres preuves de la source de la chaleur et du calorique, par le frottement dans votre vous-même, par vous-même.

—

Lorsque vous ressentez quelque fois quelques feux de démangeaison dans vos yeux le jour et principalement la nuit, vous les frottez bien fort, et de suite, vous sentez une forte chaleur accompagnée d'une grande lumière rouge, ardente; et plus vous la frottez, plus la chaleur et la lumière augmentent; c'est la source de l'électricité du calorique que vous voyez et ressentez.

Ce phénomène est causé par l'aimant de feu animé, par le frottement qui est dans le fer du sang de vos yeux.

Ce même effet se renouvelle chaque fois dans le même endroit où vous recevez un coup du frottement ou de la pression.

L'aimant dans le fer de votre sang est la base du premier fluide animé de votre vie; il ne vous quitte qu'à la mort, que l'azote éteint.

DU DIAMANT.

Lorsqu'on dit diamant ou les quatre corps de feu majeurs dans un corps réunis, c'est la même chose. Les diamants de la couronne qu'on a pu voir à l'exposition universelle, leur contenu, sont les quatre corps de feu majeurs de première force, rien de plus, rien de moins.

La fonte grise devenue bien blanche par les quatre corps de feu majeurs qu'elle contient est aussi pur diamant que les diamants de la couronne. Mais la fonte contient une terre nommée silice et d'autres corps étrangers qui lui cachent sa lumière, et les diamants de la couronne n'en ont point. Voilà pourquoi leur belle lumière domine, c'est-à-dire, si on brûle un morceau de fonte blanche, elle vous laisse un résidu, et si on brûle un diamant, il ne laisse rien.

Tout corps qui n'a point le contenu des quatre corps de feu majeurs réunis, alliés ou non alliés avec d'autres corps, ne fait point partie du diamant. Tous les charbons, quoi qu'on en dise, ne sont point diamant, ni les aciers, ni la fonte grise ne sont point diamant, chacun d'eux n'ayant que deux corps de feu majeurs. La fonte grise et les aciers trempés à l'eau, qui acquièrent un corps de feu majeur de plus de dureté, ne sont point encore diamant.

La fonte truitée est partie diamant ; la fonte blanche est tout à fait diamant ; le vrai bon acier fondu à l'air est seul encore plus pur diamant que la fonte blanche.

L'air vital n'est qu'un composé de diamant à l'état gazeux de fluide et de corps éteignants aussi gazeux, mêlés ensemble.

L'air se divise en deux parties de ses six corps bien distincts, une de diamant et l'autre de corps éteignants; les quatre corps de feu majeurs sont le diamant, ou tout feu à l'état latent ou animé en dissolution; et l'azote et l'hydrogène, ou corps éteignants, sont l'autre partie.

Les aliments de toute espèce dont nous nous nourrissons sont de même composés de ces six corps et rien de plus. Dieu, l'auteur de la nature, n'en a point d'autres sur la terre pour tout reconstituer et mêler encore avec de la terre. Mais la mine d'aimant, dans les entrailles de la terre, joue un rôle au moins aussi important que sur la terre, puisqu'elle s'attire, plus ou moins en combinaison, quarante-cinq corps de métaux de satellites, corps de feu secondaires et autres corps.

Le bois est partie diamant, quoique allié à l'hydrogène, à l'azote et à la terre. Le corps humain, qui a des rhumatismes ou trempe locale, est aussi partie diamant, quoique allié aux mêmes corps que le bois; et si ces corps étaient expulsés du bois et du corps humain, les quatre corps de feu majeurs, qui seuls resteraient, feraient que le corps humain et le bois seraient chacun un diamant aussi beau et aussi brillant que ceux de la couronne.

Un haut-fourneau à fondre la mine d'aimant, de feu et de fer avec le charbon, est aussi un corps partie diamant en fusion, mais non fin, et qui donne également de la lumière et de la chaleur à l'état d'animé; et une fois éteint, plus de chaleur, ni de lumière : tous les corps retournent à l'état latent ou de sommeil.

Le même fourneau à fondre la mine est aussi une ruche d'insectes, de carbonne à l'état d'animé.

Le carbonne est au diamant ce que la terre est à notre corps; elle est le squelette de la charpente des trois autres corps qui le composent et qui en fait son poids.

Le soleil est un aimant fin en fusion, premier et unique corps de feu, et s'il était à l'état solide, il ne donnerait point de chaleur et peu de lumière; il serait comme sont les diamants de la couronne.

Le centre de notre globe est aussi un pur aimant fin, en fusion comme le soleil, qui pénètre dans tous les corps et qui nous renvoie son fluide de feu lumineux à travers la croûte de la terre, qui chauffe et organise par son magnétisme tous les corps qui l'environnent à sa surface, dont tous ces derniers sont empreints et animés; et s'ils étaient à l'état solide, ils seraient diamants dans leur intérieur seulement, et tout serait éteint et mort, c'est-à-dire que tous les mêmes corps retourneraient à l'état latent.

Les étoiles ou soleil sont aussi des aimants fins en fusion, et si elles nous donnent peu de lumière et de chaleur, c'est qu'elles sont à l'infini plus éloignées que le soleil.

La lune, planète et satellite de la terre, comme la terre l'est du soleil, n'est que partie diamant; si l'eau qui l'environne disparaissait, ainsi que si ses volcans étaient éteints, elle serait noire comme un charbon; mais le soleil, reflétant sur son miroir d'eau et ses volcans, nous renvoie toute la lumière qu'elle tire du soleil.

Les autres planètes, telles que Jupiter, Vénus, Saturne, Mercure et autres, sont des satellites du soleil et des mondes habités comme nous.

Les globules lumineux d'aimant sont la première base du diamant, c'est une goûte ou volume d'aimant en fusion du noyau du globe terrestre, chassée dans sa croûte avec son fluide à la surface et souvent en dehors par les éruptions volcaniques et tremblements terrestres à l'état liquide. Son volume est sans poids; elle est aussi brillante et aussi ardente que le soleil même; mais sa prompte avidité pour attirer les autres corps de feu majeurs qui sont dans la terre, est telle, qu'elle se trouve la saisir à l'instant et la trempe à trempe locale, comme la fonte blanche et le blanc de lune de l'oxigène mêlé avec la rougeur ardente de son aimant, qui forme ensemble sa belle lumière couleur d'eau, comme sont tous les diamants. Le carbonne fait le lien de son corps et son poids, et le fluide le son de la parole et de l'harmonie, la trempe avec l'oxigène comme aux fontes blanches, qui les rendent tous les deux diamants de même nature.

DE L'ALLUMETTE CHIMIQUE.

—

Pour donner plus de confiance à mon ouvrage, je donne ici seulement le composé et le décomposé de l'allumette chimique, phosphorique, que tout le monde comprendra.

L'allumette chimique, phosphorique contient neuf corps différents et bien distincts, dont six corps d'alliés de différents corps de feu, savoir :

4 corps de feu majeurs ;
2 dito premiers fusibles, le phosphore et le soufre;
1 dito l'hydrogène (eau);
1 dito sel (ou potasse);
1 dito cendre lessivée.
—
9 corps ensemble.

1° L'allumette, par le frottement, a un corps; en pressant l'oxigène, le fluide le son et l'électricité de l'air, le phosphore fait explosion, et gazeux il s'allume;

2° Le soufre, second feu premier fusible, flamme bleu, gazeux, vient d'être allumé par le phosphore qui est brûlé;

3° et 4° L'oxigène et le fluide le son : ces deux alliés dégagent une flamme blanche gazeuse et viennent d'être allumés par le n° 2 (le soufre), qui est le second;

5° L'hydrogène (eau), se dégageant en vapeur de fumée, est chassée à l'instant par l'oxigène et le fluide le son (3 et 4);

6° et 7° L'aimant ou fluide électrique magnétique (feu) et le carbonne, combinés ensemble avec l'aimant qui donne la chaleur rouge, ardente, que vous ressentez et qui vous vivifie; ces deux derniers ont encore été allumés par l'oxigène et le fluide le son, et se brûlent par eux-mêmes, par l'intervention des quatre feux majeurs de l'air, c'est-à-dire qu'ils sont à ce moment à l'état de vie animée, et s'évaporent dans l'atmosphère à l'état de l'électricité, et le carbonne à l'état de gaz;

8° et 9° Il ne reste plus que la cendre dans laquelle il y a un sel (potasse) et la cendre lessivée qui est le squelette de la charpente des neufs corps dont se compose l'allumette chimique.

CONCLUSION.

—

En 1825, je vins à Bordeaux; j'étais resté 25 ans ouvrier forgeron, praticien dans différentes forges à fer, et à l'aide de quelques moyens que je possédais, je m'établis maître de forge métallurgiste et fabricant d'aciers immédiats dans les départements de la Charente et de la Dordogne.

Peu de temps après mon arrivée à Bordeaux, je fus voir M. Magonti, qui passait pour le chimiste le plus distingué de Bordeaux; je lui fis part de mes premières découvertes, qui étaient le calorique (feu), source du premier corps de feu dans l'aimant du fer, et que tous les aciers ne devaient leur bonne qualité qu'à la grande quantité d'aimant que contenait la mine; que cette dernière, au lieu de se laisser décarburer dans l'affinage à la mode catalane pour en obtenir du fer comme je le croyais, faisait au contraire que la mine riche en aimant, pompant le carbonne des charbons comme la sangsue suce le sang qu'elle ne veut pas lâcher, et qu'ayant cru affiner du fer, j'avais affiné d'excellent acier : tel était le fait qui m'était arrivé.

M. Magonti écouta mon raisonnement avec intérêt, et me dit que ce phénomène n'avait jamais été dit ni décrit par aucun savant. Je le priai de me procurer les livres les plus en rapport avec la métallurgie, ce qu'il eut la bonté de faire, et je le remerciai.

Dans tous ces livres, ainsi que dans tous ceux que j'ai lus et relus à la Bibliothèque publique, tout était sur cet art d'une obscurité profonde, d'un amalgame à l'infini et qui n'atteignait aucun but, de même que les cours de chimie et de physique que j'ai suivis à Paris et à Bordeaux, où rien n'est en rapport avec les véritables lois de la nature.

C'est encore après 32 années de nouveau travail et après avoir fait toutes les recherches et les expériences les plus pénibles, que j'ai vu et reconnu que toute la métallurgie du fer démontrée jusqu'à ce jour était fausse, ce qui m'a occasionné de très grandes dépenses.

Néanmoins je n'ai point abandonné mon projet, et en 1838, après ma seconde découverte, qui est une des plus belles merveilles du monde (les trempes des fontes et aciers), où j'ai commencé à me tracer une nouvelle route, j'ai rédigé et copié les véritables lois de la nature, à mesure que les phénomènes se passaient dans le travail des métaux, du calorique, aimant, fer et combustibles. Je n'ai point encore manqué, depuis 32 ans que je suis à Bordeaux, d'aller de temps en temps voir M. Magonti, et lui ai, chaque fois, montré de mes travaux, soit de fonte, fer, aciers de toute espèce, combustibles et autres différents corps, ce dont on peut s'assurer en le lui demandant.

TABLE

—

AVIS.

—

L'ouvrage que nous nous proposons d'offrir au public contiendra 80 chapitres environ, et aura pour titre. *Traité sur la Métallurgie en général, ou les véritables lois de la nature, dévoilées et mises au jour dans tous ses trésors,* avec l'explication des nouvelles découvertes dans cette science.

Cet ouvrage sera donné par souscription dont le prix sera annoncé par les journaux, avec un prospectus qui sera distribué à cet effet dans le courant de 1858.

Des dépôts de cet opuscule seront établis chez les libraires de cette ville; chez l'auteur, M. FAYANT père, rue des Menuts, 33; et chez M. J.-B[te] LÉON, rue de Candale, 9.

www.ingramcontent.com/pod-product-compliance
Lightning Source LLC
LaVergne TN
LVHW050431160826
845677LV00002BA/654